les souris

Ouvrage publié pour la première fois en Allemagne en 2006
par bede-Verlag GmbH, Bühlfelderweg 12, 94239 Ruhmannsfelden,
sous le titre *Meine Farbmaus zu Hause*.

Pour l'édition française :
Suivi éditorial : Laurence Dechel
Traduction et adaptation : Aurélie Duthoo
Relecture : France Fauchère
PAO : Francis Rossignol, Isabelle Véret
Photogravure : Stéphanie Henry, Chantal Mialon

ISBN : 978-2-84416-681-4
N° d'éditeur : 84416
Dépôt légal : mars 2008

Achevé d'imprimer : avril 2011
Imprimé en Slovaquie par Polygraf Print GmbH, Presov

Les Souris

Melanie Teubler

Artémis Éditions

Sommaire

L'alimentation 46

Apprivoiser votre souris 53

Des souris en bonne santé 56

L'élevage 60

L'essentiel en un clin d'œil

Avant-propos

Les souris sont des animaux domestiques de plus en plus appréciés. Parmi les raisons qui expliquent cet engouement, se trouvent sans aucun doute leur mignonne frimousse, leur caractère vif, curieux et sympathique, et la bonne volonté qu'elles mettent à nouer des liens avec les humains. Tout cela pousse les enfants et les adolescents, surtout, mais aussi les adultes sans préjugés, à observer et caresser ces petits rongeurs. Même si les souris n'ont pas autant d'exigences que les animaux de plus grande taille, elles ont tout de même besoin d'un habitat correct et de soins adaptés. Ce n'est qu'à cette condition que les souris et les humains s'entendront bien, pendant longtemps, et auront plaisir à être ensemble. L'objectif de ce petit guide est d'aider les débutants à savoir comment s'y prendre avec les rongeurs, et à éviter les erreurs. Il vous donnera de plus des informations sur les jouets à conseiller, l'art d'apprivoiser et d'élever les souris, ainsi qu'une présentation des différentes couleurs. À vous qui avez décidé d'adopter des souris, nous souhaitons beaucoup de joie avec vos nouveaux compagnons, et nous espérons que vous passerez de bons moments avec ces petits êtres si sympathiques, comme tous ceux qui eux aussi ont découvert récemment le bonheur d'avoir des souris.

Les souris sont des créatures joueuses et adorables. Ces petits rongeurs câlins sont de plus en plus appréciés comme animaux domestiques.

Voilà un jouet passionnant pour ces jolies petites bêtes !

Origine & histoire

Les souris dont nous parlons dans cet ouvrage sont les souris « normales », bien connues, que l'on trouve dans les animaleries et qui descendent de la souris commune *(Mus musculus domesticus)*. La couleur des petits rongeurs ne joue ici aucun rôle. Les souris blanches ont ceci de particulier qu'elles ne peuvent pas fabriquer et stocker dans leurs cellules certains pigments (mélanine), d'où la blancheur de leur peau et de leur pelage. C'est à cause de ce défaut de pigmentation que leur iris est incolore, ce qui fait paraître leurs yeux rouges – autre caractéristique de ces souris dites albinos. Grâce à des modifications génétiques, il est possible d'obtenir non seulement des albinos, mais aussi de nombreuses autres couleurs, différentes de la couleur à l'état sauvage. Grâce à l'élevage, on a réussi à obtenir des teintes particulièrement jolies, et les descendantes des souris domestiques grises ou brunes ont aujourd'hui des pelages de couleurs très variées.

Les souris domestiques sont issues des souris communes, mais sont moins farouches et ont un pelage d'une jolie couleur.

Classification zoologique

Comme les rats, les hamsters et les gerbilles, les souris font partie de l'ordre des Rongeurs *(Rodentia)*, représenté par plus de 2000 espèces à travers le monde, ce qui en fait le groupe de mammifères le plus important. Du point de vue de l'évolution des espèces, la famille des Muridés *(Muridae)* est très récente. Le genre *Mus* comprend les souris domestiques, les souris de laboratoire et les souris domestiques qui sont leurs descendantes ainsi que les souris dansantes du Japon. Les rats, qui font partie de l'espèce *Rattus*, sont leurs proches parents. Les hamsters dorés et hamsters nains, eux aussi très aimés, font, quant à eux, partie de la famille des *Cricetidae*, tout comme les souris des sables et des déserts, dont la gerbille de Mongolie *(Meriones unguiculatus)*. Ces deux familles, les souris vraies et les *Cricetidae*, sont issues d'ancêtres communs, ce qui explique leur ressemblance.

Contrairement aux hamsters et à beaucoup d'autres rongeurs, les souris ont un museau en pointe et de grandes oreilles bien détachées du corps.

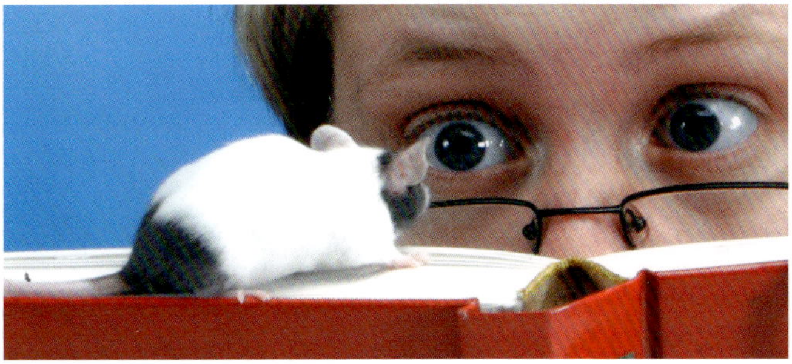

Pas de panique ! Aujourd'hui, les souris sont des animaux de compagnie répandus.

Les souris dans la nature

En dehors de l'Antarctique, les souris ont colonisé tous les continents et presque tous les types d'habitat : déserts, steppes, montagnes, en passant par les campagnes et les grandes villes. Il y a probablement plus de 9000 ans que les souris domestiques côtoient les hommes. Cela a commencé lorsque les chasseurs et cueilleurs nomades se sont sédentarisés et ont commencé à cultiver des céréales et à faire des provisions. Dans les greniers à grain et les pièces de réserves, les petits rongeurs agiles trouvaient de la nourriture en abondance, y compris en hiver – même si c'était au prix de quelques risques liés à la proximité humaine –, il était intéressant pour elles d'avoir de quoi survivre toute l'année. Les hommes, en revanche, considéraient ces petits « invités » comme des nuisibles et tentaient de s'en débarrasser. À l'époque où mauvaises récoltes et famines rendaient parfois la survie des hommes difficile, les souris et les autres rongeurs, qui leur disputaient la nourriture, n'étaient pas les bienvenus. À cela s'ajoutait

Toutes les cavités, même artificielles, attirent irrésistiblement les souris.

le manque d'hygiène, à la faveur duquel les rongeurs véhiculaient toutes sortes de maladies. Aujourd'hui, il n'y a plus aucune raison de craindre que les rongeurs ne nous volent notre nourriture et, grâce aux modes de vie modernes, les maladies transmises par les rongeurs ont aussi disparu (à supposer qu'on respecte les règles d'hygiène de base !). Ainsi, ces petites créatures drôles, mignonnes et intelligentes sont maintenant des animaux de compagnie, appréciés aussi parce qu'ils demandent peu de travail et apportent beaucoup de plaisir.

Dans leur milieu d'origine (les steppes d'Asie), les souris domestiques vivent toute l'année dans de petites cavités qu'elles creusent elles-mêmes. Chez nous aussi, les souris, à l'approche de l'hiver, se cachent dans les appentis, les caves, les garages et les greniers pour s'installer confortablement. Si elles trouvent de quoi construire un nid et qu'il y a suffisamment de nourriture, elles élèveront leurs petits à cet endroit. À la différence d'autres rongeurs, les souris n'hibernent pas, mais restent actives toute l'année.

Dès l'Antiquité, elles ont joué le rôle d'animal de compagnie. En Asie, dès l'an 1 000 avant J.-C., certaines personnes aimaient avoir des souris. À cette époque, on connaissait les albinos, c'est-à-dire les souris blanches, mais aussi d'autres mutants de couleurs variées, comme les pelages chocolat ou tachetés. Au Japon, on élevait des souris tachetées.

Pour l'élevage, on prenait systématiquement les individus les plus dociles et confiants ; de ce fait, le comportement des souris d'élevage n'a pas tardé à différer nettement de celui de leurs congénères sauvages. Aujourd'hui, les souris domestiques ont beaucoup moins tendance à fuir, n'ont plus peur d'être touchées et mordent moins souvent. Même dans leurs rapports avec leurs congénères, elles sont plus paisibles que leurs cousines qui vivent dans la nature. En raison de toutes ces qualités, les souris, les gerbilles et les rats sont considérés aujourd'hui comme d'agréables animaux de compagnie – surtout dans les foyers anglo-saxons. Elles sont élevées dans d'innombrables variantes de pelage et de couleurs, certaines sont uniformes, d'autres tachetées, et on en trouve même à poils longs ou « frisés ». Lors des expositions de rongeurs, les souris sont jugées par des jurys selon un système de points très précis. Bien sûr, la couleur du pelage joue un rôle important dans la catégorie « beauté » et, pour certaines variantes de teintes, des appellations obligatoires ont été mises en place. Si vous souhaitez en savoir plus sur l'élevage professionnel et les expositions de souris, consultez les nombreux portails Internet. Cela dit, les amateurs n'ont pas à se préoccuper de la nomenclature des souris, car tout ce qui compte pour eux, c'est le bonheur d'avoir de petits rongeurs.

Les souris, autrefois colocataires indésirables, n'étaient pas bien vues au cours des siècles passés, et souvent impitoyablement chassées.

le corps & les organes sensoriels

Comme tous les autres rongeurs, les souris ont de petits membres par rapport à la taille de leur corps. Leurs pattes avant sont dotées de quatre doigts, contre cinq à l'arrière, munis de griffes. Grâce à leurs membres très souples, les souris sont d'excellentes grimpeuses, et même les murs presque verticaux ne leur font pas peur. Elles ont une longue queue presque sans poils, qui leur sert à trouver leur équilibre quand elles sautent et leur sert d'appui quand elles sont assises. Elle les aide également à grimper et à s'accrocher. Par rapport à d'autres rongeurs, les souris ont une tête relativement longue, qui se termine par un museau en pointe. Leurs grandes oreilles sont peu velues, avec des pavillons très mobiles. Cela indique que les rongeurs

Pour trouver l'équilibre… ou s'accrocher, les souris utilisent aussi leur queue.

ont une très bonne ouïe, développée sans doute pour localiser les prédateurs.

Les moustaches sont des organes sensoriels importants qui aident la souris à s'orienter.

Les yeux

Les grands yeux des souris sont situés de chaque côté du crâne, ce qui leur permet de voir à presque 360°. Mais comme les champs visuels ne se recoupent presque pas, leur vision dans l'espace n'est pas très développée. Il leur est difficile d'évaluer les distances. De plus, leur vue n'est pas très nette, et elles distinguent moins bien les objets immobiles que ceux en mouvement. En revanche, elles voient assez bien dans la pénombre et perçoivent sans doute aussi les couleurs.

L'odorat

Comme tous les rongeurs, les souris s'orientent essentiellement grâce à l'odorat. Celui-ci, associé à leur ouïe et à leur toucher assez développés, compense une vision plutôt faible. Lorsqu'une souris veut s'orienter, on la voit souvent s'asseoir sur ses pattes arrière et remuer le nez de manière caractéristique. L'odorat sert également à trouver la nourriture et les éventuels partenaires. De plus, l'odorat régule la vie sociale des rongeurs. Les souris marquent leur territoire grâce à leurs glandes odorantes, mais aussi grâce aux excréments et à l'urine. Les souris domestiques ont de petites glandes spéciales sous leurs pattes, disposées de telle sorte que leurs congénères puissent reconnaître qui est passé par là, mais aussi dans quelle direction il allait. Cette habitude de marquer leur territoire par l'odeur provoque une formation d'odeurs intenses, qui ne peut disparaître complètement même si leur cage est complètement nettoyée. C'est un élément à prendre en compte lors de l'acquisition.

La façon caractéristique qu'ont les souris de remuer le nez permet de supposer qu'elles ont un odorat très développé.

Le toucher

Les moustaches sur le museau et au-dessus des yeux – appelées vibrisses – constituent un autre organe sensoriel majeur. On trouve aussi ces poils spéciaux sur les flancs et sur les faces extérieures des pattes. Ils sont particulièrement sensibles aux caresses et permettent aux rongeurs de s'orienter facilement dans l'espace qui les entoure directement. Elles peuvent ainsi enregistrer les mouvements aériens et aussi évaluer

Les souris sont très sociables et aiment partir en expédition à plusieurs.

les distances. Ce système, combiné à leur odorat très développé, leur permet de s'orienter efficacement dans l'obscurité totale, ce qui est très utile la nuit, mais aussi dans l'étroitesse du nid.

La dentition

La caractéristique la plus marquante des rongeurs est leur dentition, avec notamment des incisives puissantes et recourbées. Entre ces incisives et les molaires, il y a un espace vide, appelé diastème. Sur chaque demi-mâchoire, supérieure et inférieure, les souris ont une incisive et trois molaires. Canines et prémolaires sont absentes. Les souris sont monophyodontes, ce qui signifie qu'elles n'ont pas de dents de lait. Elles ont, dès la naissance, leur dentition définitive et leurs dents ne tombent pas pour laisser la place à d'autres. Autre particularité : les incisives des souris ne sont recouvertes d'émail (dur) que sur la face avant ; sur la face arrière, elles sont plus tendres, ce qui fait qu'elles s'usent plus vite, mais se reconstituent d'elles-mêmes au fur et à mesure. Ces incisives sont sans racine et implantées très profondément dans la mâchoire des souris, elles poussent en fait en

continu, sans interruption. Une bonne chose, lorsqu'on doit mener une vie difficile où les dents sont d'une utilité majeure ! Tout compte fait, cette dentition, associée à la lèvre supérieure fendue, constitue une forme particulière d'adaptation au mode de vie spécifique des rongeurs.

Taille, âge et poids

À l'âge adulte, les souris pèsent entre 25 et 50 g, rarement plus, et mesurent de 15 à 19 cm, dont 8 à 10 cm de queue. Elles atteignent la maturité sexuelle à environ 4 semaines et, si elles sont bien soignées, elles peuvent atteindre l'âge de 3 ans. Depuis la nuit des temps, les souris sauvages vivent en grands groupes, avec un sens familial très développé. Elles sont très sociables, se font réciproquement la toilette, se blottissent les unes contre les autres dans le nid et partent en expédition à plusieurs. Pour répondre aux besoins de ces petits rongeurs, il ne faut donc jamais les garder seuls. Une souris seule se sent toujours délaissée et exposée au danger, ce qu'aucun véritable ami des animaux ne peut souhaiter.

6 réflexions avant l'achat

Il faut bien réfléchir avant d'acheter des souris, pour que vos petites compagnes se sentent vraiment bien dans leur nouvelle maison.

Avant de vous décider à acheter des souris comme animaux de compagnie, il faut vous poser quelques questions. C'est indispensable pour que plus tard une relation harmonieuse se développe entre vous et vos protégées, et que tout le monde y trouve son compte. Un achat irréfléchi se regrette très vite, et entraîne des problèmes que l'on peut éviter en réfléchissant bien au préalable.

L'une des questions les plus importantes est celle-ci : qu'attendez-vous de ces petits animaux ? Commencez par vous familiariser avec les caractéristiques, le comportement, l'aspect et les besoins des souris. En général, les souris sont actives la nuit, de petite taille et sensi-

bles. Comparée à celle des chiens, des chats et même des rats, leur intelligence est limitée, elles apprennent peu de choses et ne sont pas assez robustes pour que l'on puisse chahuter avec elles. Donc si vous souhaitez un animal à cajoler, si vous voulez faire le fou avec lui et le câliner, les souris ne sont peut-être pas le meilleur choix.

Mais si vous cherchez un compagnon mignon et confiant, qui ait peu d'exigences mais offre de l'animation et du spectacle, alors vous pouvez vous tourner vers les souris. Le grand avantage de ces petites bêtes est qu'elles ne réclament pas beaucoup de soins et que leur entretien ne coûte pas cher. Elles ne prennent pas beaucoup de place, même en appartement, et il n'y a même pas d'autorisation à demander au propriétaire – sauf si vous voulez créer un élevage professionnel. Mais demandez-vous tout d'abord si vous êtes prêt à offrir les soins nécessaires à vos petits compagnons !

Pas besoin de demander l'autorisation du propriétaire pour avoir des souris chez soi !

Les enfants doivent être assez grands pour pouvoir s'occuper de souris en toute responsabilité. Le meilleur âge pour commencer se situe entre 8 et 10 ans.

Confier des souris à des enfants

Dans une famille, il faut se demander à qui les souris sont destinées. Souvent, ce sont les enfants qui font part à leurs parents de leur désir d'avoir des souris. Mais les enfants sont-ils assez grands pour avoir un animal de compagnie ? Même si les parents ne s'en rendent pas compte, on ne peut pas tout attendre d'un enfant. Plus ils sont jeunes, et moins ils sont aptes à assumer une responsabilité à l'égard d'un animal, en lui apportant des soins réguliers. Les parents doivent alors venir à la rescousse. Demandez-vous donc si vous serez prêt à l'aider ou si vous avez des problèmes avec les rongeurs, en particulier avec les souris. Avant 6 ans, on ne peut pas vraiment confier une telle responsabilité à un enfant. C'est seulement à partir de 8 ou 10 ans que l'on peut s'attendre à ce que l'enfant s'occupe bien de son animal de compagnie. À cet âge, les enfants ont conscience du fait qu'il s'agit de petits êtres vivants et qu'ils en sont responsables. Il faut se demander aussi s'il comprendra qu'il ne faut pas déranger tout le temps les souris. Il n'est pas bon de les réveiller sans cesse car cela leur cause du stress, ce qui peut entraîner des maladies et une mort prématurée. Les jeunes enfants vont souvent se coucher tôt et ne peuvent donc pas profiter de leurs souris lorsqu'elles sont éveillées, c'est-à-dire la nuit. Les enfants plus jeunes ne doivent pas pour autant être privés de contacts avec les souris, mais il est préférable qu'un adulte tienne la souris dans sa main pendant que l'enfant la caresse. C'est aussi comme cela qu'il faut procéder avec les enfants qui ne sont pas de la maison, mais simplement de passage.

Les odeurs

Même avec une hygiène irréprochable, il n'est pas tout à fait possible d'éviter les odeurs quand on a des souris chez soi. Les mâles, surtout,

Quel plaisir de jouer avec ses camarades ! Les souris sont des animaux sociables, et c'est en groupe qu'elles se sentent le mieux.

dégagent parfois une odeur très forte. Les femelles et les mâles castrés sentent un peu moins, mais là non plus, on ne peut exclure tout à fait un certain « parfum ». Il faut absolument en tenir compte lorsqu'on songe à acquérir des souris, et choisir en conséquence l'emplacement de leur cage.

Il existe différentes sortes de litière dans le commerce. On peut utiliser de la sciure, du chanvre ou de la paille, mais aussi du sable nettoyé.

Les souris ont besoin d'occupations

Les souris sont des animaux très sociaux. Il ne faut jamais en mettre une toute seule dans une cage, ce qui serait trop stressant pour elle et lui causerait des perturbations mentales ainsi que physiques. Si vous décidez d'adopter des souris, il faut absolument en prendre plusieurs. Lorsqu'elles sont en couple ou en petit groupe, elles ont certes des occupations, mais elles ont quand même besoin de contacts réguliers avec leur personne de référence pour prendre confiance et rester apprivoisées. Avez-vous suffisamment d'attention à consacrer à vos souris ? Les animaux négligés présentent vite des comportements inhabituels, avec de l'agressivité, de la passivité ou de l'apathie, et peuvent souffrir de problèmes de peau ou de reins, et même en mourir dans les cas les plus graves. Prévoyez donc au moins une demi-heure par jour, ou même mieux : une heure, pour jouer avec vos petits rongeurs. Il est important aussi qu'elles puissent sortir. Toujours rester dans une cage, c'est ennuyeux, même pour des souris ! Ces petites bêtes aiment bien se dégourdir les pattes et explorer la pièce – mais surveillez-les et faites-en sorte qu'il ne puisse rien leur arriver. Sinon, vous pouvez leur offrir un château à souris ou un meuble spécial d'exercice d'assez grande taille, par exemple un enclos de contreplaqué dont elles ne peuvent pas s'échapper.

Les autres animaux peuvent être stressants

Avez-vous d'autres animaux domestiques, chiens ou chats, qui peuvent être dangereux pour les souris ? Les petits rongeurs sont très stressés rien qu'à la vue d'un animal, et il faut absolument éviter que cela ne se produise. Même si votre chien a été habitué depuis l'enfance aux souris, il ne faut jamais le laisser seul avec elles. De même avec les chats, car leur instinct de chasseur ne disparaît jamais entièrement, quelle que soit leur éducation – une souris qui file est une tentation bien trop grande ! Mais si vous avez d'autres rongeurs chez vous, vous avez peut-être oublié que même les rats ont un instinct de chasseur développé et qu'ils peuvent représenter un danger pour les souris. Le mieux est donc de ne jamais laisser les souris entrer en contact avec d'autres animaux domestiques.

Une image qui n'illustre pas l'expression « jouer au chat et à la souris ». En règle générale, ne jamais laisser de chat à proximité de souris en liberté !

Cette aventure se terminera-t-elle bien ?

Que faire des souris en vacances ?

Avant d'acheter des souris, il faut réfléchir au fait que ces petits êtres sont complètement dépendants de nos soins. Nous devons leur apporter tous les jours de la nourriture, de l'eau fraîche, et un peu d'attention pour qu'elles restent joyeuses et en bonne santé. Mais que se passe-t-il si nous partons en vacances ? Si on leur donne suffisamment de nourriture et d'eau, les souris peuvent supporter 3 ou 4 jours de solitude. Pour une absence plus longue, une bonne organisation est nécessaire. Certains ont la chance d'avoir un voisin ou un parent qui peut s'occuper d'elles pendant leur absence. Le mieux est de faire venir cette personne sur place, pour que les souris ne soient pas dépaysées. Mais cette personne doit être disposée à s'occuper de souris et ne pas les craindre, ni être dégoûtée par leurs excréments ou par les vers de farine qu'il faut leur donner de temps à autre.

S'il n'est pas possible de laisser les souris chez elles, alors on peut les emmener chez leurs hôtes de vacances, dans une cage adaptée. Mais veillez à ce que l'emplacement de leur boîte soit adapté aux besoins des animaux, c'est-à-dire qu'il ne soit ni trop chaud, ni trop froid, ni en plein soleil. Il est très rare que les souris puissent vous accompagner en vacances. Cela représente un stress considérable pour vos petites protégées, même dans une boîte de voyage adaptée, et en plus leur présence ne sera pas appréciée dans la plupart des hôtels et des pensions. Mais si vous êtes obligé de les emmener en voyage, veillez à ce qu'elles aient suffisamment de nourriture et d'eau, un endroit où se cacher et se protéger de la chaleur, du froid, des courants d'air et du bruit. Rappelez-vous que dans une voiture garée en plein soleil, il peut vite faire étouffant, même en hiver. Vos souris n'y survivraient sans doute pas.

Dans une cage de voyage, les souris peuvent rejoindre la personne qui s'en occupera, sans trop de stress et en toute sécurité.

Les allergies

De nos jours, de plus en plus de personnes souffrent d'allergies. Celles causées par les poils de chats et les acariens sont particulièrement fréquentes. Les rongeurs suscitent, quant à eux, nettement moins d'allergies. Mais dites-vous que non seulement vous, mais aussi d'autres membres de votre famille sont susceptibles de développer des réactions allergiques. On oublie trop souvent que les rongeurs eux-mêmes, mais aussi leurs excréments (urine et crottes), ainsi que les acariens qui vivent dans leur fourrure ou dans la litière, et même certains aliments comme les noix, peuvent déclencher des allergies. Il est recommandé aux personnes sujettes aux allergies de se faire tester par leur médecin traitant avant d'acquérir des souris.

L'aspect financier

Avez-vous pensé aux frais que vos souris entraîneront, même une fois que vous les aurez achetées, avec leur abri et ses accessoires ?

Suffisamment d'espace, un abri douillet, une alimentation délicieuse et de la litière propre – tout ce qu'il faut pour être heureux !

Questions à se poser avant l'achat

- À qui est destinée la souris ?
- Cette personne peut-elle assumer une telle responsabilité ?
- Quelqu'un dans votre foyer est-il allergique aux poils d'animaux, aux acariens ou à leurs excréments, à certains aliments ou à la litière ?
- Disposez-vous de suffisamment de place et d'un emplacement adapté, c'est-à-dire tranquille, sans fumée, à l'abri du froid, des courants d'air et du soleil pour héberger vos souris ?
- Avez-vous pensé aux odeurs que les souris peuvent dégager chez vous ?
- Pouvez-vous surmonter le dégoût qu'inspirent les vers de farine et les autres insectes qui leur servent de nourriture ?
- Avez-vous suffisamment de temps et d'attention à consacrer à vos souris ?
- Vous est-il possible de laisser courir de temps en temps les souris dans la pièce, ou à défaut avez-vous une installation spéciale (château pour souris) ?
- Avez-vous d'autres animaux susceptibles de représenter un danger ou de stresser les souris ?
- Pouvez-vous demander à quelqu'un de vous remplacer pendant les vacances auprès de vos souris ?
- Êtes-vous prêt à payer les frais de vétérinaire si vos souris tombent malades, même s'ils dépassent leur valeur marchande ?

Les petits rongeurs ne mangent pas autant qu'un chien ou un chat, mais ont régulièrement besoin de nourriture fraîche, et leur litière non plus n'est pas gratuite. Ce n'est pas tout : il arrive que les souris aussi tombent malades et qu'il faille les emmener chez le vétérinaire, ce qui entraîne encore quelques frais pour la consultation et les médicaments. Cette question financière est en même temps éthique, puisque le prix du vétérinaire dépasse en général la valeur matérielle de la souris. Les personnes sans cœur calculeront peut-être qu'il est alors moins cher d'acheter une nouvelle souris. Ce raisonnement ne tient pas compte du bien-être de l'animal, il est égoïste et moralement indéfendable. À l'égard des enfants, notamment, nous devons donner le bon exemple et, dans une telle situation, penser à la dignité de l'animal et à son droit à la vie.

Savoir leur dire adieu

Voilà un autre point auquel il faut penser avant d'acheter des souris : par nature, elles n'ont qu'une espérance de vie assez brève. Même si vous les soignez bien, elles vivent rarement plus de 18 mois et atteignent tout au plus 2, voire 3 ans. Les adultes ont moins de problème à l'accepter, car ils ont le recul nécessaire. Mais pour les enfants, c'est souvent la première expérience de la mort. Il vaut mieux qu'ils soient assez grands pour bien appréhender cet événement, et qu'un adulte soit à leurs côtés pour leur expliquer ces choses.

l'achat des souris

Pour éviter d'éventuels problèmes avec vos souris, il est essentiel de bien s'informer au préalable et d'ouvrir l'œil au moment de l'achat. Il peut arriver que la première offre venue se révèle très coûteuse par la suite, si la souris que vous avez achetée est malade ou dégénérée. En revanche, en achetant vos souris dans une animalerie sérieuse ou chez un éleveur renommé, vous avez la garantie qu'elles vous procureront beaucoup de joie une fois installées chez vous. De plus, ces adresses représentent un contact vers lequel vous pouvez vous tourner si vous avez des questions ou si des problèmes, malgré tout, se posent.

Acheter des souris, c'est une affaire de confiance. En général, une bonne animalerie vous garantit d'acquérir des animaux en bonne santé.

Dans une animalerie

La plupart des amateurs achèteront probablement leurs souris dans une animalerie. Pour reconnaître le sérieux d'un magasin, vous pouvez aussi vous fier aux conditions dans lesquelles les animaux sont élevés et à leur état de santé. Il est donc conseillé de jeter aussi un œil aux autres espèces qui s'y trouvent, par exemple les oiseaux, les poissons ou les reptiles, afin d'évaluer leur état et la qualité des soins. Parmi les indices les plus importants, il y a par exemple la propreté des cages et les conditions de vie (les animaux peuvent-ils se retirer dans une petite cachette ?), l'état général des animaux, la présence d'aliments et d'eau fraîche ainsi que l'odeur qui règne dans le magasin. En aucun cas les souris (ni les autres animaux !) ne doivent être exposées dans une vitrine au soleil, comme une vulgaire marchandise. Évidemment, les mâles et les femelles doivent se trouver dans des cages différentes. Dans un bon magasin, les vendeurs ont du temps à vous consacrer, répondent aimablement à toutes vos questions et ne voient pas d'inconvénient à ce que vous preniez les souris dans votre main pour les examiner avant l'achat.

Les éleveurs de souris

Beaucoup d'éleveurs de rongeurs proposent aussi des souris. Dans ce cas, les acheteurs ont la possibilité de choisir des variétés particulièrement jolies et rares. Pour obtenir l'adresse d'éleveurs renommés, il faut s'adresser au vétérinaire ou chercher sur Internet. Certains éleveurs font aussi de la publicité dans les magazines consacrés aux animaux. Les refuges de la Société protectrice des animaux (SPA) ou d'autres propriétaires de souris pourront peut-être aussi vous communiquer des adresses d'éleveurs, et même vous parler de leur réputation. Même si la majorité des éleveurs sont très responsables et ne font pas seulement de la reproduction effrénée, il existe des brebis galeuses, comme dans toutes les branches. Donc, si vous vous rendez chez un éleveur et que vous n'êtes pas satisfait de ses conseils ou de l'état des souris proposées, le mieux est de faire demi-tour et de poursuivre vos recherches jusqu'à ce que vous ayez l'impression d'avoir trouvé le bon.

Déterminer le sexe

Les souris, c'est bien connu, se reproduisent vite, et cela se vérifie aussi chez les souris domestiques. En général, elles atteignent la maturité sexuelle vers l'âge de 4 semaines. Si vous n'avez pas

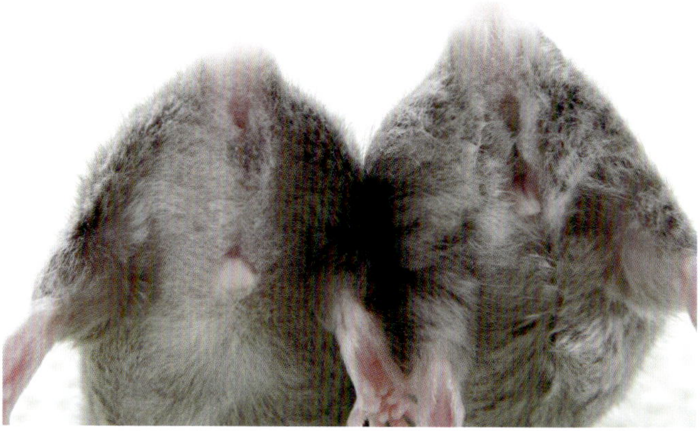

Il est assez facile de déterminer le sexe d'une souris : chez le mâle (à gauche), la distance entre l'anus et l'orifice génital est plus importante que chez la femelle (à droite).

l'intention de fonder un élevage, il vous faut donc faire bien attention au sexe des souris en composant votre petit groupe. Les vendeurs d'animaleries et les éleveurs peuvent déterminer avec certitude le sexe des petits animaux avant l'achat. Chez les mâles, la distance entre l'anus et l'orifice génital est plus importante que chez la femelle. Il est plus facile de déterminer le sexe des souris adultes que celui des jeunes, car les mâles présentent alors des testicules bien visibles. Mais en situation de stress, ils peuvent les rentrer très rapidement. Hélas, il arrive très souvent que des souris femelles aient été fécondées avant l'achat, et que l'ingénu propriétaire se retrouve peu après avec toute une descendance. Si vous voulez être sûr d'acheter des souris non fécondées, le mieux est d'en parler directement au vendeur.

Composition du groupe et castration

L'expérience montre qu'il vaut mieux avoir deux ou quatre souris plutôt qu'un groupe de trois, car les rongeurs s'entendent mieux dans cette configuration. Pour les groupes plus importants, le nombre n'a plus d'importance. Vous pouvez préférer réunir des souris femelles ou mâles, ce qui est une question de tempérament. En général, les souris femelles sont plus pacifiques. En pratique, vous courez peu de risques en constituant des couples ou des petits groupes avec uniquement des souris femelles. Avec les souris mâles, il arrive parfois qu'il y ait des affrontements sanglants, ce qui fait qu'il ne faut jamais associer plusieurs mâles avec une seule femelle. Ce danger est écarté si les mâles sont castrés. Cette opération peut être réalisée par des vétérinaires spécialisés en petits animaux. Le taux d'hormones ne baisse toutefois que lentement après la stérilisation ; on ne peut donc mettre les mâles dans la cage de femelles fertiles qu'au bout d'un délai de 2 semaines au minimum. Sinon, malgré la castration, il peut y avoir fécondation et gestation non prévue. Lors de

L'état de santé

Pour les novices, il n'est pas toujours facile de distinguer des souris en bonne santé de souris malades. Mais si vous faites attention à quelques points, vous pourrez tout de même réduire considérablement le risque d'acheter une souris malade. Essayez de répondre aux questions suivantes :

Les souris sont-elles gaies et curieuses, sont-elles éveillées et vives dès le réveil ?

Leur dos est-il droit ? Le corps doit être mince et régulier, sans grosseur suspecte, et on doit pouvoir sentir les os. Ceux-ci ne doivent pas saillir.

Quel est l'aspect du pelage ? Brillant et régulièrement dense, ou avec des zones sans poils, qui peuvent indiquer une attaque parasitaire ou une carence ?

Là où la peau est visible, est-elle rose, élastique, sans squames ni croûtes ?

Les yeux sont-ils brillants et vifs ? Des paupières collées, des yeux qui pleurent sont un signe manifeste de maladie.

L'anus est-il sec et propre, ou souillé d'excréments, ce qui indique un état pathologique certain ?

Le nez est-il propre et sec ? Des rougeurs ou un écoulement nasal sont des signes de maladies. Leur bouche aussi doit être sèche et propre et elle ne doit pas dégager d'odeur aigre ni fétide.

Les griffes sont-elles bien formées, de longueur égale ? Des griffes déformées ou atrophiées sont un signe de tare congénitale. Cela dit, il arrive que certaines griffes se cassent au cours de petits accidents.

Les dents sont-elles de même longueur, sans déformation ?

En marchant, les souris font-elles reposer leur poids sur leurs quatre pattes, sans boiter, traîner une patte ou en laisser une en l'air ?

Leur respiration est-elle régulière et calme, sans ronflement ni sifflement ?

Lorsque vous choisissez vos souris, ne faites pas uniquement attention à leur aspect attendrissant. Leur santé aussi est très importante.

Pour que deux souris s'entendent aussi bien, il faut que toutes deux soient des femelles.

l'achat, préférez toujours, si possible, des souris issues de la même famille, car elles sont habituées les unes aux autres. L'idéal est qu'elles proviennent de la même portée, ce qui vous garantit une bonne entente.

N'achetez pas une souris par pitié

Quand une souris est malade, cela ne se repère pas toujours immédiatement. Hélas, les souris faibles ou malades se montrent souvent particulièrement dociles, car elles sont simplement trop faibles pour fuir ou parce qu'elles cherchent une aide et une protection. N'achetez jamais une souris dans cet état, car vous ne pourrez pas l'aider. Vous vous exposez à des frais vétérinaires élevés et à beaucoup de soucis. Et si vous avez des enfants, ce sera encore pire, car ils ne tarderont pas à perdre leur petit compagnon – beaucoup de larmes en perspective !

Qui peut résister à ces petits yeux aussi mignons ? Pourtant, les souris ne sont pas des « cadeaux » et ne doivent jamais être offertes spontanément.

Évitez les achats compulsifs

Les drôles de petits yeux en boutons et le pelage soyeux des souris ont un pouvoir de fascination immédiate ; ils déclenchent presque le réflexe d'acquérir une ou deux de ces petites bêtes. Attention, l'achat d'un animal de compagnie ne doit jamais être compulsif ! Il faut au contraire bien y réfléchir. L'idéal est d'en discuter en famille, en précisant d'emblée qui sera chargé de s'en occuper. De même, ne commencez à chercher un marchand de confiance et à installer le lieu d'habitation de vos souris qu'une fois que vous aurez toutes les informations utiles sur les soins à leur apporter et sur leurs besoins. Cela vous épargnera des déceptions ultérieures et vous ferez ainsi en sorte que vos petits compagnons se sentent bien chez vous, sans vous causer de chagrin.

Une souris n'est pas un cadeau

Un vendeur responsable, dans une animalerie digne de ce nom, ne tolérera jamais qu'une souris soit emportée dans un « emballage cadeau ». Ils ont déjà vu trop souvent des personnes à qui on avait fait ce genre de « cadeau » et qui ne savaient pas quoi en faire à part les rapporter immédiatement au magasin. Et encore, c'est de loin la meilleure chose qui puisse arriver à ces pauvres créatures, car la plupart du temps leurs nouveaux propriétaires ne se donnent pas tant de peine et les relâchent tout simplement dans la nature – ou leur infligent une fin encore plus triste. Il faut donc rappeler très clairement qu'on n'offre pas des souris, sauf lorsqu'elles sont vraiment désirées et que vous êtes sûr qu'elles seront bien accueillies.

Les différentes couleurs

Si les souris sont particulièrement attirantes, c'est aussi grâce à leurs couleurs variées. Du blanc pur au roux flamboyant, en passant par le noir profond, on trouve presque toutes les couleurs. À côté des souris unicolores, il existe aussi des variantes au pelage rayé, et d'autres dont le ventre et le dos sont de différentes couleurs (variétés dites « tan » et « fox »). Les souris unicolores avec des extrémités sombres sont appelées « colourpoint ». Aux variantes standard de couleurs

Les différentes variétés

Les cinq variétés avec leurs variantes de couleurs :

La variété Self (unicolore)
Noir, chocolat, bleu, lilas, colombe, champagne, argent aux yeux rouges, argent aux yeux noirs, blanc aux yeux rouges, ivoire aux yeux rouges, blanc aux yeux noirs, ivoire aux yeux noirs.

La variété Ticked (tacheté)
Agouti doré, cannelle, argenté, crème argenté, agouti argenté.

La variété Tan
Tan noir, tan chocolat, tan bleu, tan lilas, tan colombe, tan champagne, tan argenté, tan agouti doré, tan cannelle.

La variété Silver Fox (Fox argenté)
Fox noir, fox chocolat, fox bleu, fox lilas, chinchilla.

La variété Colourpointed
Siamois seal point aux yeux noirs, siamois seal point aux yeux rouges, himalayenne.

Les souris satin ont un pelage doux comme la soie, dans des nuances très tendres.

Les souris frisées, dites « rex », ont un poil long et ondulé, mais leurs moustaches le sont aussi, ce qui entrave leurs facultés d'orientation.

déterminées par les fédérations d'éleveurs s'ajoutent celles qui sont connues et décrites dans le milieu des éleveurs et des expositions. Ces couleurs sont celles qui servent de référence pour l'élevage, et elles sont classées en cinq catégories, chacune rassemblant un groupe de couleurs de pelage caractéristiques. Pour faciliter la communication internationale, toutes les dénominations sont en anglais. Les variantes de couleurs de l'encart de la page 29 ne se trouvent dans les formes présentées que chez les véritables souris de race, c'est-à-dire chez les souris élevées par des professionnels conformément aux normes prescrites pour chaque race, et qui ont, comme les chiens de race ou les pur-sang, un pedigree. Cette particularité les distingue des souris domestiques courantes que l'on trouve en magasin ou chez les « éleveurs » privés.

Comme on peut s'en rendre compte, ce grand nombre d'appellations correspond à un grand nombre de variantes, qui font la joie de tous les connaisseurs et éleveurs – qui en général les reconnaissent immédiatement. Mais pour les simples amateurs qui n'ont pas l'intention de se lancer dans l'élevage de souris pure race, ces appellations n'ont pas grande importance. La seule chose qui compte pour eux, c'est que leurs souris soient en bonne santé et qu'elles soient des compagnes agréables pour leurs propriétaires, qui se verront ainsi récompensés de leurs bons soins.

Sélection ou torture ?

Il existe donc aujourd'hui d'innombrables variétés de souris. À côté des souris domestiques de couleurs diverses, on voit sans cesse apparaître des variétés issues de sélections génétiques, avec « quelque chose de différent ». Les plus connues sont les souris blanches dites « albinos ». Mais ces souris sont de constitution fragile et leurs yeux rouges, très sensibles à la lumière, tendent à développer un glaucome. Les souris dansantes du Japon, presque toujours tachetées de noir et de blanc, souffrent d'un problème cérébral qui les fait danser en rond. Les souris rousses, orangées et jaunes (robes : red, fawn, cream, sable, marten sable) possèdent un gène qui entraîne systématiquement l'obésité, qui s'accompagne de maladies et d'une espérance de vie réduite. Les souris frisées, dites « souris rex », qui ont des poils frisés ou particulièrement longs, sont limitées dans leurs possibilités par leurs moustaches et vibrisses, elles aussi frisées. On a même élevé des souris sans queue et des souris nues. Il faut bien réaliser que des modifications physiques, qui s'apparentent à des défigurations, infligent aux souris des tourments dont elles pourraient se passer. Cela n'empêche pas certains marchands sans scrupule de les proposer à la vente. Aux amis des bêtes de décider si en achetant des souris de ce genre, ils souhaitent encourager ces tendances dans l'élevage.

Vos souris au quotidien

Les souris entrent dans votre vie à partir du moment où vous ramenez chez vous les petites bêtes que vous avez achetées. Pour le trajet de l'animalerie ou de l'éleveur jusqu'à chez vous, il faut prévoir une petite cage de transport contenant de la litière et un petit endroit pour dormir, qui peut être une petite boîte en carton et dont elles ne peuvent pas s'échapper. On trouve dans le commerce spécialisé des paniers de transport spéciaux en plastique, mais ils ne peuvent servir que pour le transport et non pas d'habitat définitif. Nourriture et eau fraîche ne sont indispensables que si le trajet dure un certain temps. Bien entendu, les souris ne doivent pas être exposées à des températures extrêmes, et elles ne doivent jamais être laissées seules dans

Pour transporter les souris, il existe des cages spéciales en plastique.

une voiture garée, même pour un temps très court. Pendant le voyage, les petites bêtes vont commencer par se cacher et se blottir les unes contre les autres. Évitez de les déranger et de les exciter sans nécessité, et résistez aussi à la tentation de les sortir de leur cage pendant le trajet. Arrivés chez vous, placez la cage de transport dans leur cage définitive et laissez les souris tranquilles pendant un moment. Il faut attendre un jour ou deux pour que vos petites compagnes se montrent rassurées et curieuses de découvrir leur nouvel environnement. Laissez-leur suffisamment de temps pour s'acclimater avant de chercher le contact avec elles ou même de les toucher.

Une maison confortable

La taille minimale d'une maison convenable pour souris est de 80 cm (longueur) x 40 cm (largeur) x 40 cm (hauteur). Pour les petits groupes, il faut prévoir une taille minimale de 100 x 50 x 50 cm. De

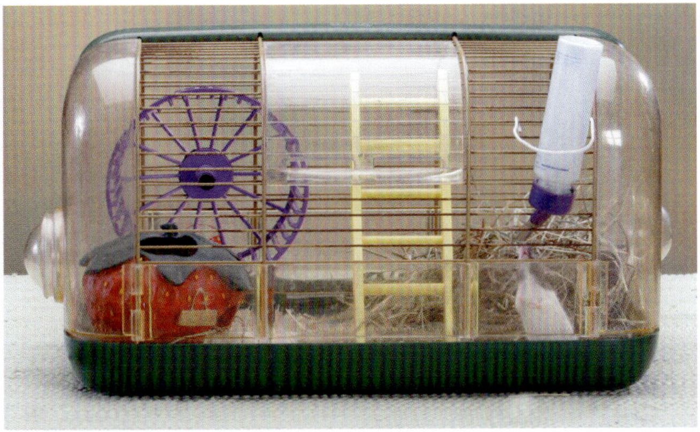

En haut : Les cages à souris normales, que l'on trouve dans le commerce, sont souvent beaucoup trop petites pour pouvoir y loger tout un groupe de souris.

En bas : Les aquariums inutilisés sont souvent une alternative spacieuse aux petites cages en plastique, et permettent de profiter pleinement du spectacle.

On trouve dans le commerce différentes sortes de litière, à base de copeaux, de chanvre ou de paille, mais on peut également utiliser du sable lavé (photo ci-dessous).

nombreuses cages vendues dans le commerce se composent d'un bac en plastique surmonté d'une partie supérieure grillagée, les deux parties étant jointes par des crochets languettes. L'écart entre les fils du grillage ne doit pas être trop grand pour que les jeunes souris ne puissent pas s'échapper. L'expérience montre que cet écart ne doit pas être supérieur à 0,6 cm. Si vous achetez une cage à rongeurs dans le commerce, veillez à ce que ce soit bien une cage à souris. Parfois, un aquarium vide peut faire l'affaire et accueillir des souris, mais il doit être suffisamment aéré et recouvert d'une grille serrée ou d'un grillage moustiquaire qui empêche les souris de sortir. Il doit aussi pouvoir être verrouillé. Attention, les souris rongent les matières plastiques ! Étant donné que les souris urinent en quantité importante, il est essentiel que l'air circule bien pour que vos protégées restent en bonne santé. Dans un environnement humide, non seulement des odeurs fortes apparaissent, mais de plus les agents pathogènes se développent beaucoup plus vite lorsque l'atmosphère est confinée. Si vous construisez vous-même la maison de vos souris, veillez bien à ce qu'aucun clou ni vis ne dépassent, afin de ne pas blesser les petites bêtes. Le mieux est de bien enfoncer les chevilles jusqu'au bout dans le bois pour qu'elles soient inaccessibles aux souris. En outre, oubliez les matières plastiques, les bois laqués, imperméabilisés ou traités. Si vous utilisez du fil de fer, il ne faut pas qu'il soit gainé de plastique, car vos souris auraient vite fait de le ronger – ce qui est très mauvais pour leur estomac.

La litière

La litière la plus adaptée est celle pour petits animaux que l'on trouve dans le commerce. Elle est généralement composée de sciure, mais on peut trouver aussi de la paille de chanvre ou de la paille compres-

sée. Ces dernières ne font pas autant de poussière et sont donc moins nocives pour les allergiques. Il ne faut pas utiliser de copeaux de menuiserie car ils contiennent toujours un peu de substances toxiques (teintures ou produits de protection du bois). Il ne faut surtout pas utiliser de la litière pour chats, car celles que l'on trouve habituellement peuvent contenir des substances toxiques ; si les souris en mangent, elles forment de gros amas dans l'estomac, ce qui peut avoir des conséquences désastreuses. La tourbe ne convient pas non plus, car elle contient beaucoup de poussière et moisit facilement, ce qui peut entraîner des maladies chez les souris. La litière doit couvrir le fond de la cage sur une hauteur d'environ 3 cm. Les besoins restent donc limités et vous pouvez acheter la litière la plus chère sans que cela n'entraîne des frais trop importants.

Le bon emplacement

L'habitat de vos souris a besoin d'un emplacement calme, sans courant d'air, qui ne doit pas être exposé à de fortes variations de température ni au soleil direct. Un appui de fenêtre ne convient pas du tout. Les pièces humides de la maison, comme la salle de bains et la cuisine, ne sont pas non plus adaptées, car les souris n'aiment pas une humidité ambiante trop élevée. L'idéal est une pièce dont la température est comprise entre 18 et 23 °C. Il n'est pas non plus conseillé

Une petite chambre-maisonnette en bois permet aux souris de se retirer et de se sentir en sécurité.

Ces petites maisonnettes de jeu en plastique sont très mignonnes, mais par sécurité, il faut les retirer de la cage dès que les souris commencent à les grignoter.

de laisser leur cage sur le sol, car les souris se sentent en danger lorsque quelque chose bouge au-dessus d'elles. En effet, dans la nature, leurs principaux prédateurs sont les oiseaux de proie. Placées sur une commode ou une étagère, vos petites boules de poil se sentent beaucoup plus en sécurité et peuvent mieux être observées. Il faut cependant que vos souris puissent se reposer vraiment pendant leurs phases de repos, sans être dérangées par des va-et-vient continuels. Comme les souris, qui sont aussi des animaux nocturnes, peuvent faire du bruit en jouant, il est déconseillé de mettre leur cage dans une chambre, dans l'intérêt de ceux qui y dorment ! Quand vous choisirez l'emplacement de la cage, prenez aussi en compte les odeurs qui peuvent s'en exhaler. Les souris mâles, en particulier, dégagent souvent une odeur caractéristique qui n'est pas forcément la bienvenue.

Abris et labyrinthes

Pour que vos petites protégées se sentent vraiment bien dans leur nouveau foyer, elles ont aussi besoin d'un abri où elles puissent trouver refuge et dormir. Cet abri doit être fait dans des matériaux naturels, sans danger et non toxiques (bois, liège, argile). Les petites maisons pour hamsters ou les nids pour perruches du commerce conviennent bien, surtout dans les dimensions 10 x 11 x 11 cm. Les maisonnettes en plastique sont faciles à nettoyer, mais peuvent devenir dangereuses pour les souris si elles les rongent et en avalent de petits morceaux. Autre inconvénient : la condensation s'y accumule rapidement, ce qui n'est pas sain pour les souris. En groupe, les souris aiment bien se blottir les unes contre les autres dans un abri, mais il arrive parfois qu'il y ait de la concurrence entre elles. Si vous avez un groupe d'une certaine taille, prévoyez plusieurs possibilités de retranchement, c'est-à-dire plusieurs maisonnettes. En plus des abris pour dormir, il est bien de leur offrir aussi des éléments de jeu : un labyrinthe ou un rocher comme ceux que l'on trouve dans le commerce. Ils offrent un peu de divertissement au quotidien et permettent aux souris de s'isoler un moment de leurs congénères. Cela dit, les installations compliquées en plastique, avec toutes sortes de tuyaux, de niches et de cavités, que l'on trouve dans les animaleries, sont vivement à déconseiller car elles présentent trop de danger pour les souris. En revanche, vos petites amies apprécieront que vous leur fournissiez un peu de papier qui est sans danger pour elle et dont elles tapisseront leur abri, après l'avoir déchiqueté en petits morceaux. Donnez-leur donc un peu de mouchoirs en papier ou de papier toilette (sans parfum dans un cas comme dans l'autre !).

Les écuelles et les points d'eau

Les écuelles qui conviennent le mieux aux souris sont celles en porcelaine, en grès ou en grès vernissé, qui ne peuvent pas se renverser et sont faciles à nettoyer. Placez-les de telle façon que les souris ne

En haut : Une pierre à sel à lécher, achetée en animalerie, complète l'alimentation des souris.

Ci-contre : Un distributeur automatique d'eau, plus pratique qu'une écuelle, permet aux souris d'étancher leur soif à tout instant.

Les écuelles à nourriture doivent être plates et installées de manière telle que les souris ne puissent pas les renverser.

puissent pas y monter et y laisser des crottes. Si l'écuelle est placée en hauteur, par exemple sur le toit de leur maisonnette, il n'y aura pas de litière dedans. Même principe pour la coupelle d'eau, si vous en utilisez une. Le plus pratique est d'acheter un distributeur d'eau fixé à la cage de l'extérieur. Au bas du distributeur se trouve un petit tuyau avec une fermeture à bille ou une tétine qui permet aux souris de boire sans qu'il y ait de fuites. Ni la bouteille ni le tuyau ne doivent être en verre pour éviter que les souris ne courent de risques en les rongeant. Les abreuvoirs qui gouttent ou qui fuient doivent être immédiatement remplacés par des neufs afin que les souris ne soient pas forcées de vivre dans de la litière humide.

Une pierre à sel à lécher, achetée en animalerie, complète utilement l'installation et devrait même être présente dans chaque cage. Elle n'est pas absolument nécessaire lorsque l'alimentation est saine et équilibrée, mais elle évite les carences en sel et en minéraux lorsque les souris ont des besoins accrus en minéraux, notamment en cas de stress ou de maladie. Un bloc de calcium peut occasionner des calculs intestinaux si les souris en absorbent en trop grande quantité, il est donc superflu si les souris ont autre chose à ronger.

Au bonheur des rongeurs

Dans la nature, les dents des souris qui poussent en permanence se liment d'elles-mêmes en raison de leur mode de vie. En cage, les souris ont en revanche très peu de possibilités de ronger des matériaux durs et d'user ainsi leurs dents. À la longue, leurs incisives

Grâce à un régime à base de graines, les dents en croissance continue des souris se liment naturellement.

Ne jetez plus vos restes de pain rassis ! Vos petites amies seront ravies de pouvoir faire leurs dents dessus.

deviennent si longues qu'elles ont du mal à manger. Pour leur permettre de les limer, on peut leur donner à ronger des biscuits, des biscottes et du pain complet rassis, et leur fournir un régime à base de graines. Des petits jouets à ronger compléteront ces soins dentaires. Les souris aiment particulièrement les petites branches ou les rameaux de bois non toxiques comme les fruitiers, le bouleau, le noisetier et le hêtre. Attention, tous les conifères, l'if, le cytise, le rhododendron et le genêt sont toxiques. Le chêne contient trop de tanin et ne convient pas non plus. Les souris peuvent ronger ces petites branches, mais elles adorent aussi les escalader. Avant de laisser les souris les ronger, mettez les branches au four à 80 °C environ, pendant une demi-heure, pour détruire tous les éventuels parasites qui s'y trouvent et pourraient porter préjudice aux souris. Si vous n'êtes pas sûr de bien choisir le bois qu'il faut, vous trouverez dans les animaleries un grand choix de petits jouets à ronger.

Les divertissements

À part les branches fraîches, les souris aiment aussi les jouets qui excitent leur curiosité et les divertissent. Le jouet le plus classique pour les rongeurs, c'est bien sûr la roue, mais elle ne fait pas l'unanimité. La roue a ses partisans et ses opposants acharnés. Le fait est qu'une roue bien conçue occupe les souris et les maintient en forme.

Les roues permettent aux souris de conserver la forme et la ligne. Mais elles doivent être bien conçues.

Vu d'en haut, le monde est si différent !

Il est très rare que la souris développe à l'égard de la roue une addiction qui l'amène à l'occuper en permanence et cela ne se produit que dans le cas où elle n'a aucune autre occupation. Une roue bien conçue pour souris doit comporter une paroi arrière fermée, une surface de course d'un seul tenant, sans trous, et une ouverture sur l'avant. Le système d'accrochage de la roue ne peut se trouver que d'un côté de la roue, sur la paroi arrière. Sinon, la souris court le risque de se coincer la queue ou les pattes (« effet ciseaux »). Le diamètre idéal est de 20 cm, ce qui permet à la souris d'avoir suffisamment de place pour ne pas avoir à courber le dos en courant. Si la roue grince, huilez-la avec un peu d'huile de cuisine. N'utilisez jamais d'huile de mécanique car les souris pourraient la lécher et tomber malades. Mais les roues ne sont pas les seules distractions possibles des souris. Les autres jouets doivent être de préférence en bois ou dans d'autres matériaux naturels non traités, car avec les objets en plastique, de petites particules rongées peuvent être ingérées par les souris et endommager leur estomac.

Parmi les jouets préférés des souris, on note les rouleaux de papier et de carton, non traités, comme les rouleaux de papier toilette et d'essuie-tout. Les rouleaux de liège (en vente dans les boutiques spécialisées), les tuiles percées de trous assez grands pour passer à travers, les petites échelles en bois ou en corde et les racines de bois non toxiques plaisent aussi beaucoup. Pour faire de l'équilibrisme, les fils en sisal (jamais en plastique !) tendus sont bien adaptés et, pour faire des trous, un petit récipient rempli de sable. Une petite montagne de foin est aussi un excellent terrain de jeux pour vos petites

Un rouleau de carton est parfait pour attraper les souris qui se sont échappées. La souris inspecte le « tunnel »...

... et entre dans le rouleau ! Elle peut alors être ramenée dans sa cage en toute sécurité.

amies. Mais n'oubliez pas que leur plus beau jouet, c'est vous : les souris apprivoisées adorent grimper sur les humains, se faufiler dans leurs manches, leurs poches et les jambes de leurs pantalons. Ça gratte un peu, mais en même temps, c'est une expérience formidable de voir la confiance que nos petites boules de poils nous témoignent ! Du point de vue des jouets, n'oubliez pas que les souris sont des individus et qu'elles ont chacune leur personnalité. Certaines seront enthousiastes à la vue de n'importe quel gadget, tandis que d'autres hésiteront ou les ignoreront. Acceptez-le et n'essayez pas de les forcer à jouer si elles n'en ont pas envie.

Les promenades

Les souris sont des animaux actifs, qui ne peuvent pas rester enfermés en permanence dans leur cage. Il est très important pour les petits rongeurs de sortir de temps en temps pour rester en bonne santé et de bonne humeur. Si on leur donne l'occasion de vagabonder un peu, elles développent leur intérêt pour leur environnement et restent saines et éveillées. On peut laisser les souris courir librement dans une pièce adaptée à condition que celle-ci soit aménagée en conséquence et ne présente pas de danger. Rappelez-vous que les souris s'en prennent volontiers aux plantes d'appartement. Mais comme la plupart de ces plantes sont toxiques, cela peut avoir des conséquences désastreuses pour nos petites amies. Les fenêtres ouvertes et les portes entrebâillées sont d'autres dangers pour elles, car elles peuvent s'y coincer – et n'oubliez pas non plus les cheminées, les soupières pleines, les bassins ouverts avec des parois verticales (comme les verres ou les tasses pleines, les baignoires, les toilettes, les aquariums, etc.), les pots de peinture, les médicaments qui traînent, la colle, les cigarettes, les animaux en liberté (les chats !) et enfin les câbles électriques non protégés. Si les souris se déplacent librement dans la pièce, il faut toujours allumer la lumière avant d'y entrer. Les personnes présentes devront éviter de marcher lourdement et, au contraire, faire glisser leurs pieds sur le sol, pour ne pas écraser une souris par inadvertance. Attention, également, en enfilant vos chaussures – les chaussures qui traînent sont une cachette de prédilection ! Il faut absolument éviter de laisser les souris se promener sans surveillance. Cependant, il peut arriver qu'une souris curieuse s'échappe et se cache sous un meuble, dans un rideau ou ailleurs. Fouiller la chambre dans la panique n'est pas la bonne solution, car cela ne fait que perturber la souris et aggraver la situation. Gardez votre calme et attirez la souris avec un peu de nourriture. Lorsqu'elle sortira de sa cachette (cela peut prendre un certain temps !), ne saisissez pas la souris par le dessus (comme si vous étiez un oiseau de proie), ce qui pourrait la faire mourir de peur. Formez une coupe avec vos mains afin de pouvoir y attirer délicatement la petite bête. (Sur la façon de manipuler correctement les souris, voir le chapitre « Apprivoisez votre souris » p. 53-55.) Il y a une alternative : disposez un seau ou un saladier profond dans lequel vous mettrez une petite friandise, et une planche servant de rampe d'accès. La souris finira bien par s'y prendre et pourra être ramenée à sa cage. Mais si dès le début, vous voulez éviter tout risque de voir vos souris s'échapper, le mieux est de leur construire un espace délimité à l'aide de planches et de grillage fin, ce qui est très simple.

Avec quelques jouets, quelques branches taillées dans du bois non toxique et un abri, un espace de 1,50 x 1,50 x 1,50 m offre suffisamment de place pour que les souris puissent se dégourdir les pattes. Il ne faut jamais laisser vos souris courir à l'extérieur, car si elles s'échappent, vous n'aurez presque aucune chance de les revoir. Dans la nature, leurs chances de survie existent bel et bien, mais elles peuvent aussi être victimes d'oiseaux de proie ou d'autres prédateurs.

Attention en enfilant vos chaussures si les souris sont en liberté dans la pièce !

Le nettoyage de la cage

Une cage à souris bien entretenue sent moins fort qu'une cage nettoyée moins régulièrement. De plus, les cages sales représentent un danger pour la santé des souris. Concrètement, il faut nettoyer les écuelles, enlever les restes de nourriture et remplir le distributeur d'eau tous les jours. Les endroits où la litière est particulièrement sale ou humide (là où elles font leurs besoins) doivent être nettoyés à

Le changement régulier de la litière et le nettoyage de la cage empêchent que des odeurs désagréables ne se développent.

cette occasion. Cela prend environ une demi-heure par jour. Et une fois par semaine, c'est le grand nettoyage général, qui prend un peu plus de temps. Selon la taille de la cage et le nombre de souris qui y habitent, comptez environ 1 à 2 heures. Au cours de cette opération, il faut changer toute la litière. Mais avant de mettre la nouvelle litière, il faut nettoyer le fond de la cage, les grillages et les jouets à l'eau très chaude (sans ajout de produits chimiques). Cela concerne aussi et surtout toutes les parties en bois, comme le nid et les jouets à escalader, qui doivent être rincés à l'eau chaude. Les saletés récalcitrantes doivent être éliminées à l'aide d'une brosse en chiendent. Avant de remettre en place les pièces en bois, il faut les faire sécher, car les souris n'aiment pas du tout l'humidité. Si la maison de vos rongeurs comporte des parois de verre ou de plastique transparent, toutes ces surfaces devront elles aussi être nettoyées et séchées soigneusement. Il ne faut jamais utiliser de produits détergents lors du nettoyage de la cage. Même si pour nous, ils semblent inodores, ils peuvent entraîner des troubles respiratoires pour nos petites amies. Pour empêcher la formation d'odeurs, ou les diminuer, on peut ajouter à l'eau de nettoyage quelques gouttes d'huile essentielle de citron. Certaines souris font toujours leurs besoins dans le même coin de la cage. Dans ce cas, vous pouvez ajouter un peu de bicarbonate de soude à la litière à cet endroit pour empêcher que des odeurs trop fortes n'apparaissent.

Prendre soin de vos souris

Les souris sont relativement peu exigeantes. Ce sont de petites bêtes très propres, qui font leur toilette elles-mêmes ou entre elles. Vous n'avez donc pas besoin de vous occuper de leur pelage. En revanche, il faut inspecter régulièrement leurs oreilles, ce qui permet de déceler à temps d'éventuels inflammations ou parasites et de les traiter avant qu'ils ne fassent trop de dégâts. Une attaque parasitaire ou une infection se repère à une coloration atypique, sombre ou rousse, à l'intérieur de l'oreille, qui s'accompagne souvent d'une odeur désagréable. Autre symptôme : votre souris se gratte ou secoue la tête. Si ce type de problème se pose, il faut aller chez le vétérinaire avant que d'autres souris ne soient atteintes. Contrôlez régulièrement les incisives pour éviter qu'elles ne deviennent trop longues, et que vos souris n'aient des difficultés à manger. Si elles ont assez de choses à ronger, cela peut prévenir le problème, mais pas toujours l'éviter. Là encore, en cas de nécessité, il faut aller chez le vétérinaire. Dans certains cas, rares, les griffes des souris poussent plus vite qu'elles ne s'usent. Lorsque cela arrive, les souris se déplacent d'une façon curieuse. Les griffes des souris ne sont pas si faciles à couper, car elles sont minuscules et contiennent aussi de petits vaisseaux sanguins ; il vaut donc mieux laisser cette tâche au vétérinaire. Mais d'autres soins sont à apporter quotidiennement : les plus importants sont les caresses et le jeu avec les petites souris. Les souris demandent beaucoup de compagnie et d'occupations. Si elles ne sont pas assez stimulées ou diverties par leurs « maîtres », elles deviennent rapidement farouches, ont un comportement anormal et peuvent même tomber malades. Mais une petite heure d'attention par jour les remplira de bonheur. Attention, cela doit se produire pendant leurs phases d'éveil. Il ne faut jamais tirer de façon brutale une souris du sommeil uniquement parce que son maître a subitement envie de jouer un peu. Respectez donc scrupuleusement les cycles naturels de sommeil de vos protégées et acceptez qu'elles ne soient pas en permanence disposées à jouer.

Les souris sont très propres et font leur toilette plusieurs fois par jour afin que leur pelage reste propre et brillant.

l'alimentation

Les souris sont des rongeurs omnivores. Grâce à cette caractéristique, elles ont su s'adapter à l'environnement et sortir victorieuses de la lutte pour la survie. Mais dans la nature, en dépit de leur appétit varié, elles mangent surtout des céréales et des semences. Contrairement aux lapins, elles ne peuvent assimiler la verdure qu'en petites quantités. Les fruits et les légumes frais ne doivent pas pour autant manquer à leur menu quotidien. En plus, les souris ont besoin d'un peu de protéines animales, surtout les jeunes en phase de croissance et les femelles gravides et allaitantes. Voici les composantes d'une alimentation correcte et équilibrée des souris :

Des graines, des fruits, de la verdure – le menu des souris doit être varié.

Vous reprendrez bien un peu de fromage ?

Les protéines (de 15 à 22 %)

Les protéines sont nécessaires à la construction et à la régénération des cellules, surtout chez les femelles gravides. On trouve notamment des protéines végétales dans les céréales et les graines de tournesol. Les protéines animales se trouvent dans le fromage blanc, le yaourt, le fromage et aussi dans les insectes comme les vers de farine et les sauterelles.

Les glucides (de 48 à 60 %)

Proportionnellement, ils représentent la majeure partie de l'alimentation et apportent l'énergie nécessaire. On les trouve surtout dans les céréales et les graines. Les souris domestiques ne dédaignent pas non plus les pâtes crues, les biscottes ou le pain complet rassis.

Les lipides (de 3 à 5 %)

Dans l'alimentation, c'est surtout pour les acides gras essentiels et les vitamines qu'ils apportent que les lipides jouent un rôle. Certaines vitamines sont solubles dans les corps gras et ne peuvent être assimilées que si l'animal absorbe en même temps des lipides.

Le pain sec est un délice, qui de plus apporte des glucides et fait bien plaisir aux souris !

Les graines sont riches en fibres et correspondent bien aux besoins naturels des souris.

Les fibres

La proportion de fibres dans l'alimentation varie en fonction de ce qui leur est donné. Les fibres sont importantes pour une bonne digestion et facilitent le transit intestinal.

Les vitamines et les minéraux

En plus des aliments de base, les souris domestiques ont besoin aussi de vitamines, de minéraux et d'oligo-éléments. En général, on les trouve en quantité suffisant dans les céréales, les légumes frais et le fourrage, à condition que la nourriture soit bien adaptée et variée. Il n'est donc pas nécessaire d'apporter un complément de vitamines de synthèse, sauf parfois pendant la gestation des femelles.

Ne le faites cependant que sur le conseil du vétérinaire. Il est inutile d'apporter de la vitamine C, car les rongeurs la synthétisent eux-mêmes. Que vous donniez de la nourriture toute prête ou un mélange que vous faites vous-même, n'oubliez surtout pas de mettre à disposition suffisamment d'eau fraîche. En été surtout, les souris ont d'importants besoins en eau !

Mélanges tout prêts et compléments

Les mélanges alimentaires destinés aux souris que l'on trouve dans le commerce spécialisé contiennent tout ce dont elles ont besoin au quotidien. En achetant ces mélanges pour souris dits « complets », on ne court aucun risque et on s'épargne beaucoup de temps et de travail. Ils n'ont même pas besoin d'être complétés par des protéines animales, car ils contiennent déjà de petits morceaux de viande en quantité suffisante.

Faites tout de même attention à n'acheter que du mélange spécial souris. Les mélanges pour rats ne sont pas équivalents ! Ils contiennent souvent des farines de poissons, qui ne conviennent pas aux souris à cause de la présence possible de salmonelles et des fortes odeurs qu'elles donnent aux excréments.

Vous ne courez aucun risque à donner de temps en temps une tranche de pomme, un morceau d'œuf dur ou des légumes frais. En revanche, la charcuterie et les viandes fumées, les restes de nourriture très épicés, le chocolat et les autres sucreries ne sont ni des friandises ni des aliments adaptés aux souris. Si vous tenez à leur donner une petite friandise à grignoter, optez pour des produits spécifiques comme des galettes à base de graines, des crackers pour rongeurs ou des biscuits pour chiens, ou encore du pain complet rassis ou des rameaux de bois sans danger. Ces grignotages, qui les occupent, apportent un peu de variété dans leur quotidien et aident les souris à limer leurs dents.

Le yaourt ou d'autres friandises peuvent être utilisés comme récompense.

Composer soi-même la nourriture

Tout le monde ne fait pas confiance aux mélanges tout prêts du commerce. Même si ce n'est pas vraiment nécessaire, il est possible de composer soi-même les mélanges destinés aux souris. Le menu se composera pour l'essentiel de trois composantes : les aliments de base, le fourrage et les apports protéinés, complétés par des friandises et des aliments d'occupation.

Les aliments de base

Ils se composent de céréales (avoine sans enveloppe, blé, millet d'oiseau, orge), complétées par des graines de lin, du sarrasin, du chanvre et de petites quantités de maïs, d'épeautre, de riz non raffiné et de flocons d'avoine. Ces céréales s'achètent en magasins bio, ce qui a l'avantage d'offrir une nourriture presque sans pesticides ni autres poisons. Elles doivent être conservées au frais, au sec et dans l'obscurité, pour ne pas être attaquées par les moisissures ou les nuisibles. Parfois, le blé provoque des allergies chez les souris (éruptions cutanées). Si vous le constatez, rayez-le de leur menu !

Le fourrage

Comme fourrage, ou nourriture fraîche, vous pouvez donner des fruits et des légumes, notamment des pommes, des poires, des carottes, du céleri ou du concombre. Il ne faut pas leur donner d'agrumes, de kiwi ou d'autres fruits exotiques, de pommes de terre (y compris les feuilles !) et autres solanacées, de légumes à bulbes, ni de chou, qui cause des flatulences et des odeurs désagréables. Les légumineuses contiennent de l'acide cyanhydrique : oubliez-les !

En outre, les souris se régalent d'herbes comme le pissenlit, le plantain, l'achillée, le persil, l'aneth, la mélisse et les fleurs, par exemple de tournesol, de pâquerettes ou de calendula. Évidemment, toutes ces herbes et fleurs doivent être non traitées ! On conseille parfois aussi de donner du foin. Les souris le mangent rarement, elles ont plutôt tendance à en tapisser leur nid. Attention toutefois, car le foin peut être vecteur de parasites (acariens, tiques) qui causent bien des soucis aux souris. Les souris apprécient qu'on leur donne de temps à autre des branches et des rameaux frais ; cela ne pose pas de problème à condition de les stériliser au four une demi-heure à 80 °C. Si on donne trop de fourrage, les souris peuvent avoir la diarrhée. Si les crottes de souris prennent une consistance molle, il vaut mieux ne plus en donner pendant 1 ou 2 jours.

Le fourrage garde les souris en bonne forme. Il doit être non traité pour être vraiment sain.

Les protéines

Pour les souris en phase de croissance, jusqu'à leur 7e semaine, et pour les femelles en gestation ou allaitantes, un apport de protéines animales est indispensable, mais les autres souris vous en seront aussi reconnaissantes. Il peut s'agir d'un peu de fromage blanc ou de yaourt, d'une lichette de fromage à pâte dure (sans moisissures ni arômes !), d'un œuf dur ou d'insectes vivants. Les insectes peuvent en répugner certains au début, mais si vous voulez faire plaisir à vos souris et que vous arrivez à surmonter votre dégoût, vous pouvez acheter en animaleries des petites quantités de vers de farine ou de grillons.

Cette souris satin est en train de déguster un ver de farine. C'est un apport de protéines particulièrement apprécié, surtout pendant la gestation.

À quelle fréquence donner de la nourriture ?

Les souris domestiques possèdent un métabolisme très rapide. Cela signifie qu'elles ne peuvent rester longtemps sans nourriture sans souffrir. De ce fait, il faut soit leur donner plusieurs fois par jour de la nourriture, soit leur permettre d'y avoir accès en permanence. Pour ces petits animaux, les périodes de jeûne sont une torture et doivent être absolument évitées ! L'idéal, c'est qu'elles aient toujours une soucoupe pleine d'aliments de base. Les aliments frais peuvent être donnés une fois par jour, le soir. Les restes de fourrage non consommé doivent être retirés de la cage afin d'éviter qu'ils ne moisissent. Les protéines animales sont généralement données trois à quatre fois par semaine, en tout cas une fois au minimum. Pour ce qui est des insectes vivants, il faut s'assurer qu'ils sont mangés tout de suite par les souris, sinon, il peut arriver qu'ils s'échappent, se reproduisent et envahissent l'appartement !

Si elles ont plusieurs repas par jour ou des graines en permanence à disposition, vos petites souris ne souffriront pas de la faim.

Les pierres à ronger peuvent être pratiques, mais ne font pas l'unanimité parmi les éleveurs.

Quelle ration donner ?

La réponse à cette question est toute simple : autant que nécessaire, aussi peu que possible. Si vous donnez trop de nourriture, vos souris ne tarderont pas à devenir obèses ; si vous n'en donnez pas assez ou si elle n'est pas assez équilibrée, des carences peuvent apparaître. Il faut donc donner de petites portions qui peuvent être consommées en une journée. Cela évite aussi que les restes de nourriture traînent dans la cage et moisissent. On peut se baser sur le tableau ci-dessous pour déterminer les quantités à donner, à condition que les souris ne soient pas en surpoids, en gestation ou allaitantes.

Quantité de nourriture

Poids (en grammes)	Ration conseillée (en grammes)
20	3
30	4,5
40	6
50	7,5
60	9
70	10,5
80	12

Lorsque les souris consomment plus de nourriture, mais sans grossir exagérément, la raison peut être la suivante : certaines souris font des « réserves » dans des cachettes ou dans leur abri. Cela peut valoir la peine de chercher de temps en temps si ces cachettes existent et de les éliminer pour que la nourriture ne moisisse pas.

Lorsque vous donnez des aliments frais, veillez à bien retirer les restes avant qu'ils ne commencent à moisir.

apprivoisez votre souris

En général, une souris qui vient d'arriver dans votre foyer se montre farouche et apeurée lorsque vous vous approchez. Pour ces petites boules de poils, l'amitié ne va pas de soi, surtout quand elles sont arrachées à leur environnement habituel, séparées de leurs frères et sœurs de portée et transplantées dans un nouvel environnement. Pour commencer, laissez leur donc un peu le temps de s'habituer ! Il faut d'abord qu'elles se fassent à leur nouvel habitat, avec ses odeurs et ses bruits inconnus. Deux ou trois jours suffisent généralement pour que la curiosité l'emporte et que les souris sortent le nez de leur cachette. Pendant cette phase, vous pouvez les observer mais pas les toucher. Et même après cette phase, il ne faut jamais attraper directement et soulever ces petites bêtes pour les caresser et les câliner. Les enfants, surtout, ont du mal à se retenir, pourtant c'est nécessaire. Si vous touchez et soulevez les souris alors qu'elles ne vous connaissent pas encore bien, c'est un vrai choc pour elles, car elles le vivent comme une agression. Elles ne savent pas que vous ne leur voulez que du bien ! Il est très difficile d'apprivoiser des souris si le premier contact les a apeurées.

Aucune raison d'avoir peur ! Peu à peu, vous pouvez devenir très proche de vos souris.

Premiers pas vers l'amitié

Pour établir une amitié durable avec vos souris, un premier pas consiste à placer votre main le plus souvent possible dans leur cage pour qu'elles s'habituent à votre odeur. Évitez les parfums, les crèmes parfumées, les bagues et les bracelets cliquetants pour ne pas troubler l'odorat des souris et les rendre nerveuses. Une fois que les souris n'ont manifestement plus peur de cette main qui reste là passivement (en général au bout d'une semaine), vous pouvez passer à la deuxième étape en leur proposant une petite friandise dans la main pour les attirer. Des graines de tournesol, une tranche de pomme ou

Les petits rongeurs aiment qu'on leur offre de l'attention et de l'amour.

un ver de farine font très bien l'affaire. Si les souris s'approchent sans hésiter et se servent, vous pouvez aller plus loin et déposer la friandise sur la paume de votre main. Pour des souris très farouches, cela peut prendre un certain temps jusqu'à ce qu'elles s'approchent volontairement. Dans les cas difficiles, vous pouvez tenter d'enlever temporairement l'écuelle de la cage pour que la faim pousse les souris à vaincre leurs inhibitions. Si elles remarquent qu'il ne leur arrive rien, elles auront moins peur par la suite. Mais si cette tactique échoue, ne laissez pas les récalcitrantes trop longtemps sans nourriture, car ces petites bêtes ont peu de réserves et quelques heures sans manger suffisent à les faire souffrir terriblement. Observez attentivement les souris lors de vos tentatives de familiarisation. Lorsqu'une souris se recroqueville, se fait petite, voire commence à trembler, cela signifie qu'elle a peur. Dans ce cas, retirez-vous tout de suite. Attendez que la souris s'attaque tranquillement à sa friandise pour tenter de la toucher ou de la caresser prudemment, sous le menton ou derrière les oreilles. Évitez les mouvements brusques et laissez les souris dans leur cage. Quand elles seront suffisamment familiarisées, vous pourrez les prendre et les soulever. Les souris les plus dégourdies en profiteront peut-être même pour s'asseoir sur votre épaule et découvrir leur environnement d'en haut.

Prendre vos souris dans la main

Si vous avez des souris, vous avez forcément envie de les toucher, de les prendre dans votre main et de les laisser courir sur vos bras. Les animaux apprivoisés ont même besoin de notre affection. Ils aiment que nous nous occupions d'eux, que nous les caressions doucement. Si vous le faites régulièrement, à peu près à la même heure tous les jours, vos souris vont s'y habituer et attendre « leur être humain ». Les gens consciencieux consacrent à leurs souris une demi-heure à une heure par jour. Mais pour que les souris apprécient vraiment ce moment, il faut savoir les manipuler correctement. Il ne faut jamais saisir la souris par le dessus car c'est un choc pour elles, qui déclenche un réflexe de fuite. En effet, c'est de cette manière que leurs prédateurs, chouettes et oiseaux de proie, s'en approchent. Le mieux est de vous approcher de la souris par les côtés, de la prendre doucement, des deux mains, sous le ventre, en refermant vos mains pour former un creux. Conservez cette position lorsque vous soulevez la souris pour éviter qu'elle ne s'enfuie et ne tombe par terre. La souris doit être portée de manière sûre, mais pas trop ferme, dans le creux de la main. Il ne faut absolument jamais attraper une souris par la queue, les oreilles ou d'autres extrémités. En cas de nécessité absolue, on peut saisir une souris par la racine de la queue, mais pas par la pointe. Peu à peu, vos souris vont s'habituer à être prises et s'approcheront d'elles-mêmes. Il suffit alors en général de tendre la main ouverte vers vos petites boules de poils et elles y grimperont de leur plein gré pour venir chercher leur ration de caresses. Mais toutes les souris ne sont pas d'emblée téméraires à ce point. Il faut souvent des jours avant que la curiosité ne prenne le pas sur la peur. Dans le cas où votre amie réagit par la peur, reposez-la dans son environnement familier, c'est-à-dire dans sa cage. Il peut arriver aussi qu'une souris apeurée morde. Il ne faut surtout pas crier contre la petite sauvage, la punir ou la laisser tomber. Il s'agit là d'une réaction de défense naturelle et spontanée, qui ne vous vise pas personnellement. Une souris apeurée n'a pas d'autres moyens de défense que ses dents ! Cela dit, cette morsure peut s'expliquer par une autre raison : peut-être qu'au moment où nous cherchons le contact, la souris a justement envie d'être tranquille, ou était en train de dormir. Le plus sage est de comprendre qu'il est plus facile pour nous d'accepter les besoins des souris et leurs cycles de sommeil que l'inverse. Et soulignons encore quelque chose : si la familiarité entre vous et vos souris demande un peu de temps pour apparaître, elle n'est pas non plus acquise définitivement. Les souris ne gardent ce comportement familier que si on s'occupe régulièrement d'elles et qu'on entretient le contact.

Dès que les premières réticences sont levées de part et d'autre, vous pouvez soulever votre souris en la prenant dans le creux de la main.

des souris en bonne santé

Plus une souris reçoit de l'attention et plus vite elle se laissera apprivoiser !

Lorsque des souris sont hébergées dans de bonnes conditions, reçoivent une nourriture saine et que leur cage est régulièrement nettoyée, il est très rare que des maladies apparaissent. Les personnes responsables observent leurs souris tous les jours et surveillent leur comportement. C'est la meilleure façon de repérer les maladies dès les premiers symptômes, de les traiter et d'éviter que les autres souris ne soient contaminées.

Les infections respiratoires

Parmi les maladies les plus fréquentes, on trouve les infections respiratoires. Les causes peuvent en être les courants d'air, les bactéries, les virus ou d'autres agents pathogènes, surtout les mycoplasmes très contagieux *(Mycoplasma pulmonis)*. Les symptômes typiques sont un écoulement nasal, des éternuements, une respiration encombrée, sifflante ou haletante. Les souris visiblement malades doivent être isolées sans tarder pour éviter la contagion de toutes les autres souris. La thérapie consiste à exposer la souris au rayonnement d'une lampe chauffante. Si vous ne voyez pas d'amélioration au bout de 2 jours, consultez un vétérinaire, sinon la maladie peut devenir chronique ou mortelle. En ce qui concerne les mycoplasmes, les souris infectées ne présentent tout d'abord aucun symptôme. C'est seulement lorsque leur système immunitaire est affaibli par le stress, la gestation ou le manque de nourriture que la maladie se déclare. La respiration devient difficile, des abcès apparaissent et le mycoplasme peut gagner le cerveau. Il en résulte alors des encéphalites ou encore une labyrinthite (maladie où tout tourne), qui ne peuvent pas être guéries et entraînent le décès de la souris, quelques semaines après le début de la maladie. La mycoplasmose ne se guérit pas non plus complètement, les souris infectées restent contagieuses toute leur vie. L'agent pathogène n'est transmissible que d'une souris à l'autre, il n'atteint pas l'homme.

Les diarrhées

Les causes des diarrhées peuvent être de mauvaises conditions d'hygiène, comme une litière humide, de l'eau souillée ou de la nourriture pourrie. Mais elles sont souvent dues à des virus, des bactéries ou des vers. Les symptômes sont clairs : les souris font des crottes liquides, leur derrière et leur queue sont souillés d'excréments. Les souris concernées maigrissent à vue d'œil. La thérapie consiste à changer quotidiennement la litière, à imposer aux souris un régime à base de flocons d'avoine et à leur donner de l'eau fraîche en abondance. Si des vers sont soupçonnés d'être à l'origine des troubles, il faut demander au vétérinaire un vermifuge. À titre préventif, on conseille de ne pas leur donner d'aliments crus, qu'il s'agisse de poisson, de viande ou d'œufs.

Les souris en bonne santé sont curieuses, vives, et ne ratent pas une occasion de jouer.

Les problèmes cutanés

Les modifications de la peau des souris peuvent être dues à des parasites (poux, puces, mallophages et acariens), des mycoses, des allergies ou des erreurs d'alimentation. Les symptômes les plus voyants sont un pelage mat et terne, des plaques sans poils avec un eczéma très irrité (les souris se grattent en permanence) et l'apparition de croûtes. Si des parasites sont à l'origine de ces problèmes, le traitement consiste à laver les souris et à les badigeonner avec un produit antiparasitaire destiné spécialement aux petits rongeurs, qui peut s'acheter en pharmacie ou chez le vétérinaire. Le traitement doit être répété au bout de quelques jours pour tuer aussi les larves qui viennent d'éclore. En cas d'allergie ou d'erreur d'alimentation, il suffit en général de corriger celle-ci en donnant une nourriture sans blé et en réduisant la teneur globale en protéines. Parfois, c'est la litière qui cause des allergies. Dans ce cas, il faut la changer, en optant par exemple pour une litière à base de chanvre.

L'hygiène

La meilleure prévention contre les maladies et les parasites, c'est l'hygiène. Des contrôles réguliers de la nourriture, un nettoyage consciencieux de la cage peuvent empêcher certaines maladies de se développer. Si malgré cela, une maladie contagieuse se déclare, il faut nettoyer la cage avec un désinfectant qui permettra d'enrayer la propagation de la maladie. Les écuelles, les abris et les autres éléments du mobilier peuvent être mis à bouillir ou bien stérilisés au four à 100 °C pendant 2 heures. Si des écuelles, des abris ou d'autres éléments sont récupérés dans d'autres cages, il faut aussi désinfecter ces objets pour éviter d'introduire des agents pathogènes. Si vous achetez de nouvelles souris, veillez à ce qu'elles soient en bonne santé et sans parasites. Généralement dans les bonnes animaleries et chez les éleveurs responsables, on peut être sûr que c'est le cas.

Contre les parasites externes – puces, poux ou acariens –, il existe des produits en spray spécialement adaptés aux rongeurs.

Les tumeurs

Lorsque les souris avancent en âge notamment, elles sont assez sujettes aux tumeurs. C'est là un triste héritage laissé par leurs ancêtres, les souris de laboratoire, élevées pour être particulièrement sensibles aux cancers. Les tumeurs peuvent apparaître sur toutes les parties du corps et il n'existe aucun remède. Ce sont surtout les individus âgés qui développent ces excroissances, dont la taille augmente assez lentement. Si elles apparaissent chez des animaux plus jeunes, elles sont souvent plus malignes. Un véritable ami des bêtes essaie d'offrir à sa souris atteinte de tumeurs des derniers jours aussi doux que possible et ne la fait euthanasier par le vétérinaire que lorsque sa douleur devient visiblement trop forte.

Les troubles du comportement

Les comportements surprenants ou déviants peuvent être le signe d'une maladie, mais pas forcément. Certains comportements sont dus à l'étroitesse des cages, à la solitude ou encore à un manque d'affection – leurs causes sont donc psychologiques. L'un des troubles les plus fréquents est celui du nettoyage compulsif. Certaines souris sont nettoyées à outrance par leurs compagnes et la « victime » en vient à perdre ses poils. Une réorganisation du groupe permet en général de faire disparaître ce comportement.

Les souris malades ont besoin de nos soins et de notre amour pour guérir. Parfois, les conseils thérapeutiques suffisent, mais dans d'autres situations, vous pouvez aussi vous sentir dépassé par la question et il vous faudra alors aller chez le vétérinaire. En cas de doute, il vaut mieux aller tout de suite chercher conseil chez un professionnel, avant que les souffrances des petites patientes ne s'aggravent. « Est-ce bien raisonnable ? », vous demanderez-vous, car le traitement de la souris malade risque de coûter plus cher que l'achat d'une nouvelle souris. Mais l'aspect financier s'accompagne d'une dimension éthique. N'oublions pas que notre petite souris est pour nous une amie, un petit être vivant dont la perte est douloureuse. Il faut toujours mettre au premier plan le bien-être de la souris et les sentiments de ceux qui s'en occupent. Cela dit, un pelage triste, des yeux mats et un dos courbé ne sont pas forcément des symptômes de maladie. Ces signes indiquent parfois simplement que la souris vieillit ou souffre de carences. Une alimentation variée permet souvent d'y remédier. Mais ce n'est pas une cure de jouvence ; pour une souris, lorsque l'heure a sonné, il n'y a hélas plus qu'à lui dire au revoir.

En haut : Si vous lui offrez une fraise, le quart d'un fruit suffit !

Les aliments très sucrés sont à éviter ou à ne donner qu'en très petites quantités.

Le check-up santé de vos souris

- Lors de la distribution de nourriture, toutes les souris doivent s'approcher de l'écuelle et chercher de la nourriture.
- Une souris en bonne santé s'intéresse à son environnement, est en forme, curieuse et agile, elle fouille dans la litière et court dans tous les sens.
- Le poil doit être propre, épais et lisse. Des souris en bonne santé font leur toilette seules ou mutuellement.
- Les yeux doivent être clairs, non collés. (Certains problèmes oculaires sont causés par une litière trop poussiéreuse.)
- Leur arrière-train ne doit pas être sale ou collé.
- Les souris doivent avoir un poids normal. Si elles maigrissent, alors que vous leur donnez suffisamment de nourriture, c'est un signe de maladie.
- La température corporelle des souris se situe entre 37,2 et 38,7 °C. Elle est supérieure à celle des humains. Une souris en bonne santé a un pouls (selon l'activité) d'environ 320 à 780 battements et prend de 120 à 200 respirations par minute.

l'élevage

Une souris peut mettre au monde jusqu'à vingt jeunes en une seule portée. Mais une progéniture aussi nombreuse n'est pas la règle : les portées sont souvent plus petites !

Quand plusieurs souris mâles et femelles cohabitent, elles se reproduisent inévitablement. Une rumeur dit que les souris arrêtent de se reproduire lorsqu'elles sont trop nombreuses dans la même cage. Hélas, il n'en est rien. Des souris, qui ont atteint la maturité reproductive et vivent ensemble, continuent à se reproduire indépendamment de la densité de population. Si vous ne voulez pas de souriceaux, qui engendreront à leur tour d'autres souriceaux, vous ne devez mettre dans une même cage que des souris du même sexe, ou alors des mâles castrés avec des femelles. Mais il y a aussi des personnes qui souhaitent réellement voir leurs souris se reproduire, pour avoir un groupe plus important, pour en donner à des amis ou pour se lancer dans l'élevage professionnel, en développant quelques caractéristiques par la sélection et en participant à des expositions. La reproduction incontrôlée des souris ne peut être comparée à l'élevage organisé. Les éleveurs responsables font en sorte que seules les souris sélectionnées s'accouplent et se reproduisent. Ainsi, les naissances non souhaitées sont d'emblée empêchées, ce qui évite bien des problèmes.

La maturité reproductive

Les souris atteignent la maturité sexuelle en à peu près un mois (les femelles en 28 jours, les mâles en 34 ou 38 jours). La maturité sexuelle n'est cependant pas synonyme de maturité reproductive, car pour s'assurer que les parents sont bien en bonne santé, leur développement physique doit être achevé. Il faut pour cela attendre la 12e semaine pour les femelles et la 16e pour les mâles. Pour vérifier que la femelle n'est pas sujette à des tumeurs précoces, ou à d'autres maladies héréditaires, il faut encore attendre un peu plus longtemps avant de les laisser se reproduire. Les spécialistes pensent que les souris sélectionnées ne doivent commencer à se reproduire qu'à partir de 4 mois. En même temps, une souris ne doit pas être âgée de plus de 8 mois lors de sa première gestation. Les souris utilisées pour la reproduction doivent non seulement avoir l'âge idéal, mais aussi être en bonne santé, sans consanguinité. Pour en être sûr, le mieux est de se procurer des mâles et des femelles en provenance de différents élevages pour qu'ils n'aient aucun lien de parenté. En effet, ces adorables petites bêtes sont bien plus qu'une addition de quelques gènes qui pourraient être mélangés au hasard pour donner des pelages aux couleurs et aux aspects les plus variés possibles. Pour éviter, autant que possible, les maladies et les troubles du comportement héréditaires, il faut posséder un minimum de connaissances en hérédité et en génétique. Les éleveurs vous fourniront tous les renseignements nécessaires ainsi que les références de livres que l'on peut emprunter dans n'importe quelle bibliothèque.

L'accouplement et la gestation

Pour l'accouplement, on met un mâle avec une ou deux femelles dans une cage. Parfois, il est possible d'observer l'accouplement, mais souvent il se produit sans qu'on le remarque. Une fois l'accouplement accompli, il se forme chez la femelle un bouchon visible qui ferme et protège le vagin pendant 12 à 24 heures. Une femelle pleine se reconnaît à son appétit qui augmente. On sent une prise de poids au niveau de l'abdomen et le ventre durcit. Mais il faut attendre 15 jours pour que le corps entier de la souris augmente de volume. À ce stade, on peut toucher doucement les petits dans le ventre de leur mère. Pour les portées importantes, la femelle prend la forme d'une poire, ce qui ne l'empêche pas de rester très agile et aussi très active jusqu'à la naissance. La gestation dure de 18 à 22 jours. Pendant cette période, la future maman a besoin d'une nourriture plus abondante et plus

riche en protéines. Un petit ver de farine de temps en temps sera le bienvenu. Le père est autorisé à rester dans la cage commune pendant tout ce temps. Mais si vous ne souhaitez pas d'autres petits après ceux-là, il faudra le retirer de la cage avant la naissance. Si on le fait pendant la naissance ou après, l'excitation peut conduire la mère à tuer ou à manger ses petits. Il arrive parfois qu'une gestation débouche sur une fausse couche au cours des 5 premiers jours. Cela peut être dû à une luminosité irrégulière, à des écarts de température ou de climat extrêmes, au stress (et notamment au bruit), ou au manque de nourriture ou d'eau.

Problèmes

Lorsque des femelles sont trop jeunes pour la reproduction ou sont soumises à du stress, il arrive qu'elles tuent ou mangent leurs petits. Même si elles sont normalement des mères attentionnées, un instinct primaire les pousse à cette réaction désespérée lorsqu'elles flairent un danger. Il est donc important de ne pas exposer des souris en gestation à des situations susceptibles de leur causer un stress ou des angoisses. Il arrive aussi que les tentatives de reproduction échouent pour d'autres raisons. Parfois, c'est parce que les souris sont trop vieilles pour se reproduire. Dans ce cas, on reprendra les tentatives avec un autre mâle, et si cela ne marche pas non plus, il faudra alors changer la femelle.

La naissance

Quand le moment est venu, la femelle met au monde en moyenne onze petits. Mais une portée peut se composer d'un à vingt jeunes. À la naissance, les petites souris n'ont pas de poils, leurs yeux sont fermés et leurs oreilles ne sont pas encore entièrement développées. Au bout de 3 jours, un premier duvet apparaît, qui permet de reconnaître la couleur du pelage. À l'âge de 10 jours, le pelage a son aspect définitif et à 2 semaines, les yeux et les oreilles s'ouvrent. À ce moment, les bébés commencent à être actifs et à quitter le nid pour explorer les alentours et chercher de la nourriture et de l'eau. On peut leur donner la même nourriture qu'aux souris adultes. Leur mère continue cependant à les allaiter. Le 21e jour, les souriceaux doivent être suffisamment indépendants pour pouvoir être séparés de leur mère. Il est indispensable de le faire à cet âge, notamment pour les mâles, sinon, ils risquent de s'accoupler avec leur mère ou leurs sœurs dès qu'ils auront atteint la maturité sexuelle. Une fois le cordon ombilical définitivement rompu avec leur mère, c'est une nouvelle vie de souris qui commence – pour la plus grande joie de tous !

Index

Crédits photographiques

Toutes les photos sont de **Christine Steimer**, excepté p. 25 : **Stasiak Emilia/Fotolia.com**.